I0390500

# MOTORES ELECTRICOS DESCRIPCIÓN Y FUNCIONAMIEN TO.

## Por: Jaime Acuña Jimenez

## Contenido

Prólogo. ...................................7

Introducción. .............................8

El motor eléctrico y la fuerza del magnetismo ...........................9

Inducción electromagnética. ...........11

Como es el funcionamiento de un motor eléctrico. ...............................11

El Campo Magnético. ...................15

El motor asíncrono. ......................17

Campo magnético giratorio. ...........18

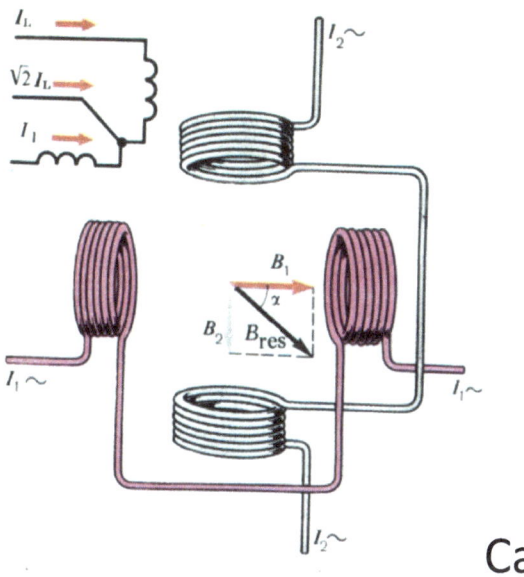

Campo

magnético trifásico. ...............................19

Clases de motores eléctricos .................22

Eficiencia de los motores eléctricos.......23

Motores DC.........................................26

Construcción básica de un motor de
corriente continúa. ...............................27

Estator de una maquina de 2 polos en el
campo..................................................28

Funcionamiento de los motores de
corriente continua ...............................30

Rotor de un motor o generador de
Continua................................................33
Motores AC.............................................34
Conclusión.............................................45
Recursos recomendados........................47

# Prólogo.

En la actualidad el uso de los motores eléctricos se ha generalizado, llegando a ser indispensables para la industria, el comercio, el transporte y en general todo el sistema productivo y comercial de las sociedades modernas.

Es importante conocer los principios de funcionamiento de estos equipos, como se crearon, las bases de su funcionamiento y cuáles son sus clasificaciones más básicas e importantes del uso estandarizado en el mercado actual.

## Introducción.

Este curso describe los principios básicos fundamentales de la construcción y el funcionamiento de los motores eléctricos. Se describe su clasificación más importante, y la descripción de los motores de corriente alterna y de corriente continua.

# El motor eléctrico y la fuerza del magnetismo.

Los avances en los estudios realizados en el campo de la electricidad, especialmente con los logros de Oersted, Faraday y Ampere propiciaron la invención del motor eléctrico.

En 1820 el científico Danés Oersted descubrió el electromagnetismo.

En 1830 Joseph Henry construye el primer motor práctico.

Michael Faraday, al año siguiente (1831) demostró que si un alambre portando corriente eléctrica podía mover un imán, igualmente este podía generar un movimiento en un alambre electrificado.

El francés, André Marie Ampere, a su vez ideó el electroimán al demostrar que, haciendo pasar una corriente eléctrica por un alambre, este podía comportarse como un imán y descubrió que la polaridad del magnetismo dependía de la dirección de la corriente eléctrica.

## Inducción electromagnética.

La ley de la Inducción Electromagnética descubierta Por M. Faraday tiene gran importancia para toda la electrotecnia.

Esta ley se aplica para determinar la F.E.M.(fuerza electromotriz), que aparece en los conductores al cortar estos las líneas magnéticas, y al variar el flujo magnético .

$$E = -v B L$$

Para determinar el sentido de la f.e.m. Inducida conviene aplicar el principio de Lenz:

f.e.m.: Fuerza electromotriz.

La f.e.m. Inducida tiende a oponerse a los factores que la producen. Al desplazarse el conductor en un campo magnético uniforme, la FEM inducida está dada por la anterior formula.

## Como es el funcionamiento de un motor eléctrico.

Un conjunto infinito de polos magnéticos en movimiento, inducen en las barras de cobre una f.e.m.

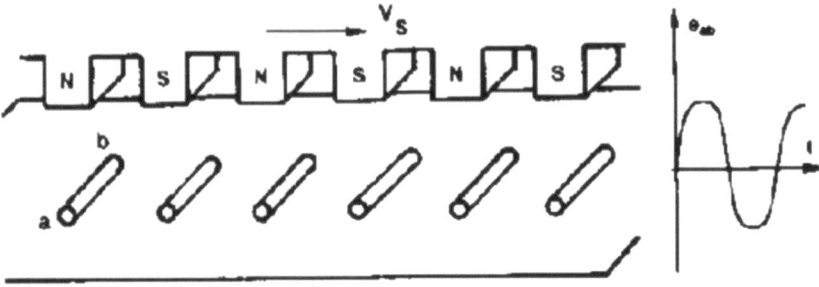

Un motor eléctrico opera primordialmente en base a dos principios:

El de inducción, descubierto por Michael Faraday en 1831; que señala, que si un conductor se mueve a través de un campo magnético o está situado en las proximidades de otro conductor por el que circula una corriente de intensidad variable, se induce una corriente eléctrica en el primer conductor.

Y el principio que André Ampere descubrió en 1820, en el que establece: que si una corriente pasa a través de un conductor situado en el interior de un campo magnético, éste (el campo magnético) ejerce una fuerza mecánica o f.e.m. (fuerza electromotriz), sobre el conductor.

Si en el caso de las barras se cortocircuitan; en las barras aparecerá una corriente eléctrica a lo largo de las ellas.

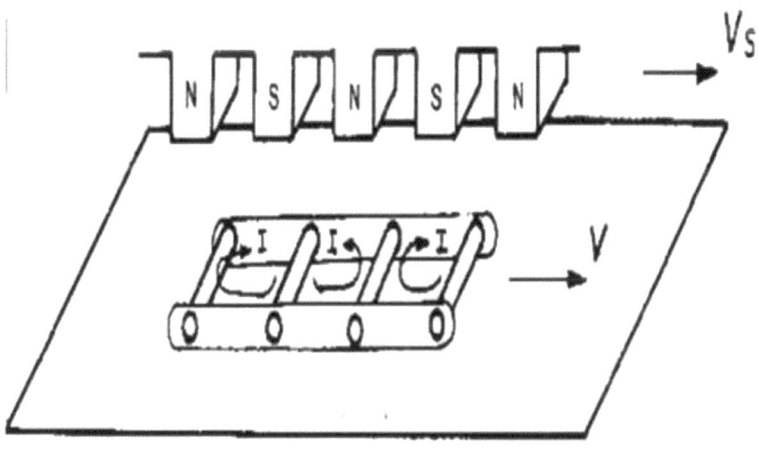

La corriente eléctrica circulará de modo que genere polos magnéticos, que se opondrán al movimiento del conjunto de los polos infinitos.

Supongamos que el sistema de polos infinitos y las barras se cierran. Las barras formaran un sistema similar a una jaula de las utilizadas para que ardillas o ratones puedan correr en ambientes reducidos.

## El Campo Magnético.

Si a una red trifásica R-S-T, le conectamos un bobinado estatórico en triángulo y bobinamos todos los polos siguientes en el mismo sentido las polaridades serán distintas en cada par de polos diametralmente opuestos.

Esto es igualmente válido para una conexión en estrella. La intensidad del campo de cada una de las bobinas depende de la corriente que circula por ella y en consecuencia por la fase que le corresponde. El campo de cada bobina aumenta o disminuye siguiendo la fluctuación de la curva (Perfectamente senoidal) de la corriente que circula por su fase. Como sea que las corrientes de una red trifásica están desfasadas 120° entre sí, es natural que las bobinas actúen también con un desfasaje de 120°. La acción simultánea de las corrientes de cada fase al actuar sobre las bobinas produce un campo magnético giratorio y en consecuencia tenemos el principio de un motor de C.A.

La velocidad de giro del campo depende de la frecuencia de la C.A, la frecuencia empleada en casi toda América es de 60 Hz.

Por lo tanto la velocidad sincrónica de un motor de corriente alterna se puede hallar mediante la siguiente ecuación:

$$N = \frac{120 \; x \; f}{p}$$

N: Velocidad en rpm

F: frecuencia de la red.

P: Numero de polos.

**El motor asíncrono.**

La variación del sentido y la magnitud de la tensión aplicada a las bobinas de los polos del estator, originan una variación del flujo magnético que a su vez produce la aparición de corrientes inducidas en el rotor.

La variación del flujo tendrá una frecuencia Fs, y el motor girará con una velocidad de frecuencia F menor que Fs.

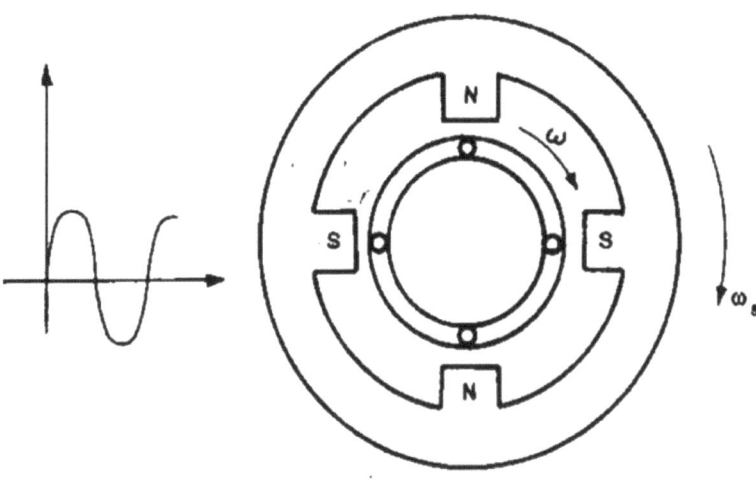

Figura 4.4 Sistema giratorio

En magnetismo se conoce la existencia de dos polos: polo norte (N) y polo sur (S), que son las regiones donde se concentran las líneas de fuerza de un imán.

Un motor para funcionar se vale de las fuerzas de atracción y repulsión que existen entre los polos. De acuerdo con esto, todo motor tiene que estar formado con polos alternados entre el estator y el rotor, ya que los polos magnéticos iguales se repelen, y polos magnéticos diferentes se atraen, produciendo así el movimiento de rotación.

**Campo magnético giratorio.**

El campo magnético resultante del sistema bifásico girará en función del ángulo alfa, el cual está en dependencia directa con la frecuencia.

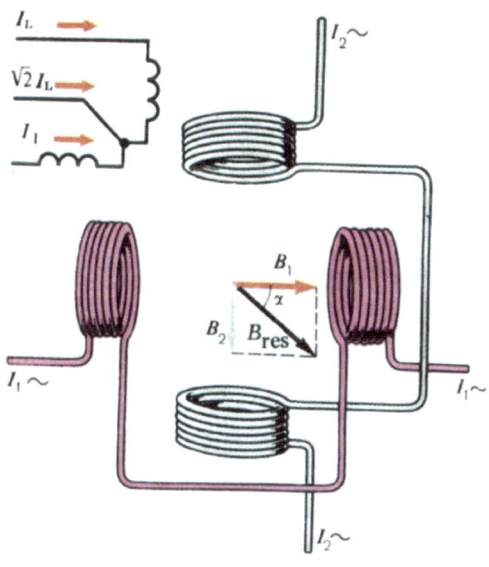

$I_L$

$\sqrt{2}\,I_L$

$I_1$

$I_2\sim$

$B_1$

$\alpha$

$B_2$ $B_{res}$

$I_1\sim$

$I_1\sim$

$I_2\sim$

# Campo magnético trifásico.

El sistema equilibrado trifásico de corrientes crea un campo magnético giratorio, si conectamos en sus tres fases bobinas iguales, colocadas de modo que sus ejes forman ángulos de 120 grados.

El campo magnético giratorio, excitado por las corrientes del sistema trifásico.

Tiene solo dos polos si lo excitan corrientes de tres bobinas colocadas en el estator.

Pero el número de polos se duplica, si en las ranuras del estator se colocan seis bobinas, o sea dos bobinas en cada fase del arrollamiento del estator.

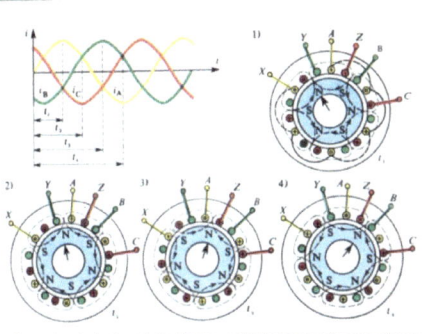

Curvas de variacion de corrientes trifasicas y variación del campo hexapolar giratorio

## Clases de motores eléctricos.

Un motor eléctrico es esencialmente una máquina que convierte energía eléctrica en movimiento o trabajo mecánico, a través de medios electromagnéticos.

Debido a que existen gran cantidad de tipos de motores eléctricos, existen así mismo muchas formas de catalogarlos.

A continuación se muestran algunas de las formas más usuales:

- Por su clase de fuente de tensión eléctrica

- Por el número de fases en su alimentación

- Por su sentido de giro

- Por su flecha

- Por su ventilación

- Por su carcasa

- Por la posición de su flecha

**Eficiencia de los motores eléctricos.**

Los métodos para determinar la eficiencia son: Por medición directa o por pérdidas segregadas. Estos métodos están expuestos en el Standard Test Procedure for Polyphase Induction Motors and Generators, Std 112-1978, ANSI/IEEE; en el Standard Test Code for DC Machines, Std 113-1973, IEEE; en el Test Procedure for Single-Phase Induction Motors, Std 114-1982, ANSI/IEEE y en el Test Procedure for Synchronous Machines, Std 115-1965, IEEE.

Las mediciones directas pueden hacerse usando motores, generadores o dinamómetros calibrados para la entrada a generadores y salida de motores y, motores eléctricos de precisión para la entrada a motores y salida de generadores.

$$Eficiencia = \frac{Salida}{Entrada}$$

Las pérdidas segregadas en los motores se clasifican como sigue:
- Pérdidas I2*R en el estator (Campo en derivación y en serie I2*R para corriente continua).
- Pérdidas I2*R en el rotor (I2*R en la armadura, para corriente continua).
- Pérdidas en el núcleo.
- Pérdidas por cargas parásitas.

- Pérdidas por fricción y acción del viento.
- Pérdidas en el contacto de las escobillas (Rotor devanado y corriente continua).
- Pérdidas en el excitador (Sincrónico y corriente directa).
- Pérdidas por ventilación (Corriente directa).

Las pérdidas se calculan en forma separadas y luego se totalizan

$$Eficiencia = \frac{Salida}{Salida + Perdidas}$$

$$Potencia\ Activa(KW) = \frac{Potencia\ Entregada(Kw)}{Rendimiento}$$

$$Potencia\ Aparente(KVA) = \frac{Pe(KW)}{R^* \cos\theta} = \frac{\sqrt{3} * V * I}{1000}$$

$$Potencia\ Reactiva(KVAR) = \frac{Potencia\ Entregada(KW) * Tg(\theta)}{R}$$

$$Intensidad = \frac{P(KW) * 1000}{\sqrt{3} * V * Cos(\theta)} = \frac{Pe(KW) * 1000}{\sqrt{3} * V * R * Cos(\theta)}$$

Pe: Potencia entregada.
P: Potencia absorvida.
R: Rendimiento.

# Motores DC.

Se utilizan en los casos en que es de importancia regular la velocidad, con un torque de arranque elevado.

Los órganos principales de un motor de D.C. son:

El inducido: formado por un núcleo de chapas magnéticas con ranuras longitudinales para alojar las bobinas y el colector, sobre el cual frotan las escobillas de carbón que transmiten la corriente al arrollamiento del inducido.

Los polos inductores con la carcasa, Los escudos,

Y el puente porta escobillas.

**Construcción básica de un motor de corriente continúa.**

La relación de los componentes eléctricos de un motor de DC es mostrado en la ilustración siguiente.
Rotor y Estator de una Maquina de Corriente continua
Los bobinados del campo están montados en las piezas polares para formar los electroimanes. En los motores de DC más pequeños el campo puede ser un imán permanente. Sin embargo, en los campos de DC más

grandes el campo es típicamente un electroimán. Se fijan los bobinados del campo y piezas del polo al marco.
La armadura se inserta entre los bobinados del campo. La armadura se apoya en los baleros de los extremos. Se sostienen los carbones contra el conmutador.

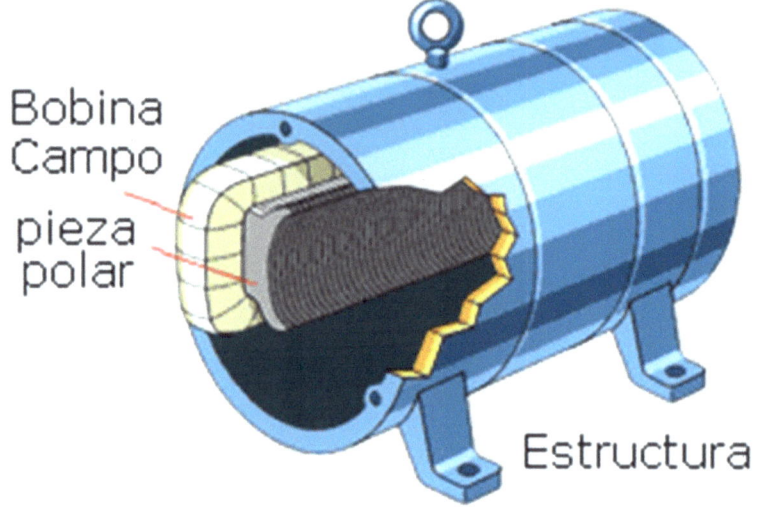

**Estator de una maquina de 2 polos en el campo**

La armadura gira entre los polos de los bobinados del campo. La armadura es hecha de un árbol o eje, un núcleo, bobinados de la armadura, y un conmutador. Los bobinados de la armadura normalmente son colocados en las ranuras del núcleo.

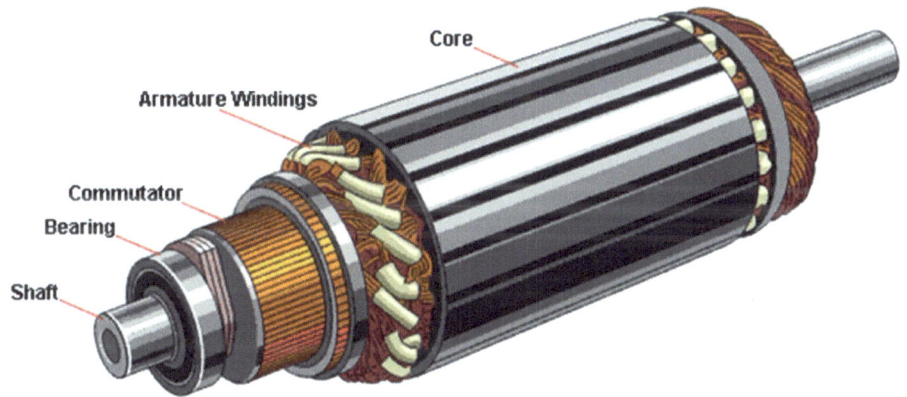

Los carbones descansan sobre el conmutador para proporcionar el voltaje del suministro al motor. El motor de DC es mecánicamente complejo y puede causar los problemas en ciertos ambientes adversos. Por ejemplo, la suciedad en el conmutador puede inhibir de proporcionar el voltaje de alcanzar la armadura. Una cierta cantidad de cuidado se requiere al usar los motores de DC en ciertas aplicaciones industriales. Los corrosivos pueden dañar el conmutador. Además, la acción de fricción del carbón contra el conmutador causa chispas que pueden ser problemático en los ambientes arriesgados de explosiones.

Hay dos elementos eléctricos de un motor de DC, los bobinados del campo y la armadura. Los bobinados de la armadura son hechos de conductores gruesos que terminan en el conmutador. El voltaje DC se aplica a los bobinados de la armadura a través de carbones que montan en el conmutador. En motores DC pequeños, los imanes permanentes pueden usarse para el estator.

Un motor de DC gira como resultado de dos campos magnéticos que actúan recíprocamente entre sí. El primer campo es el campo principal que existe en los bobinados del estator. El segundo campo existe en la armadura. Siempre que los circula corriente a través de un conductor un campo magnético se genera alrededor del conductor. En los motores a corriente continua, la energía eléctrica de una fuente continua es absorbida a través de las escobillas o carbones, al devanado (armadura rotor) en la cual circula una corriente I que, si existe un campo de excitación, actuando con este, produce un par motriz que hace girar el rotor.

**Funcionamiento de los motores de corriente continua**

El funcionamiento de un motor de continua puede explicarse con ayuda del modelo de máquina que ya conocemos

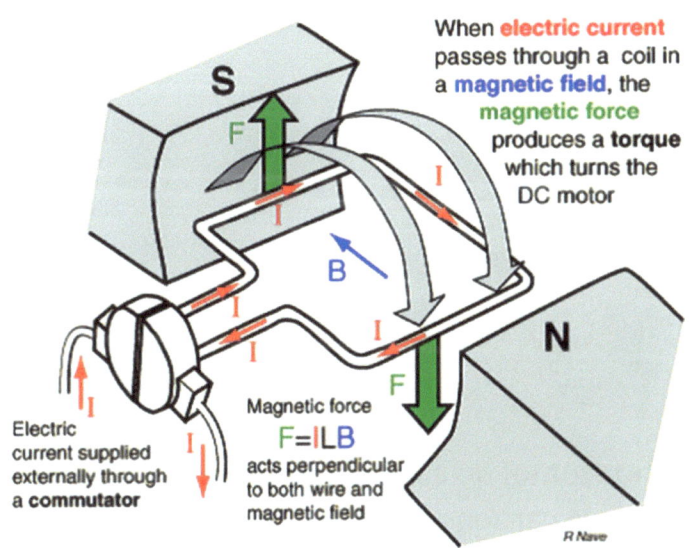

When **electric current** passes through a coil in a **magnetic field**, the **magnetic force** produces a **torque** which turns the DC motor

Electric current supplied externally through a **commutator**

Magnetic force $F=ILB$ acts perpendicular to both wire and magnetic field

R Nave

## Fuerza de Torsión sobre una espira conductora dentro de un campo magnético

Se aplica una tensión a las escobillas, con lo que circulara una corriente por la bobina. Si existe un campo excitador actuara una fuerza sobre la bobina recorrida por la corriente.

La fuerza esta aplicada a una distancia r del eje de rotación, con lo que también aparecerá un par. Según la regia de la mano izquierda

La bobina girara en el sentido indicado en la figura

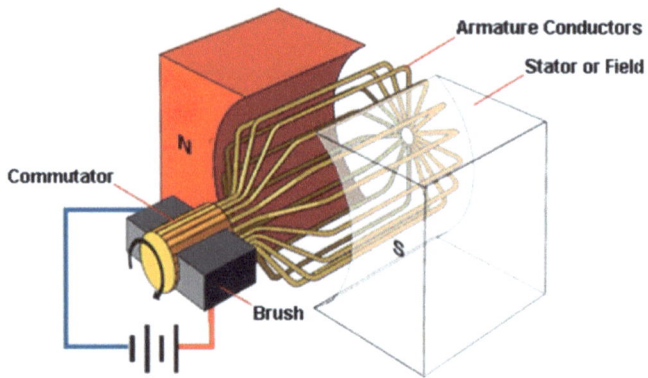

En la posición horizontal no circula corriente por la bobina pues las escobillas o carbones se encuentran situados sobre el aislante. Sin embargo, la espira conductora continuara girando por inercia.

A continuación el colector invertirá el sentido de la corriente que circula por la espira .Por tanto, las corrientes que circulan por los conductores situados bajo los polos tendrán los mismos sentidos que antes, con lo que el par actuará siempre en el mismo sentido.

Estos fenómenos se van repitiendo mientras exista una tensión aplicada a las escobillas.

# Rotor de un motor o generador de Continua

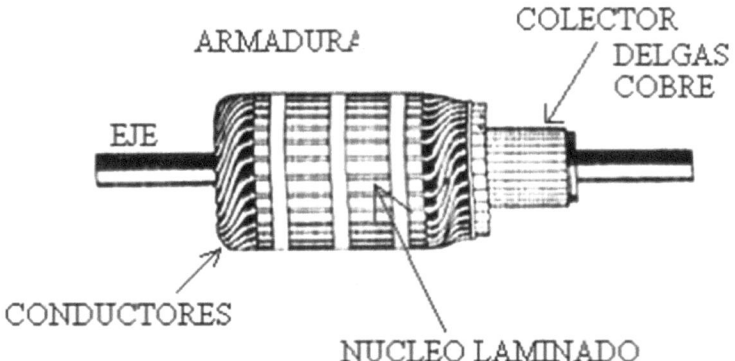

**Laminado que forma el estator de una maquina DC**

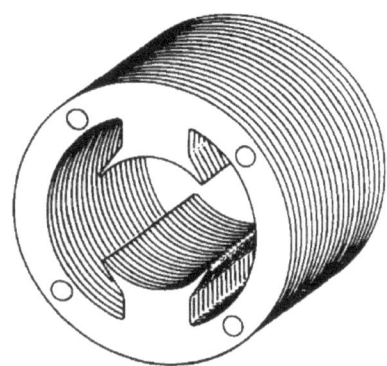

**Estator de una maquina DC se observa el núcleo laminado de chapas y las bobinas que forman el campo estático**

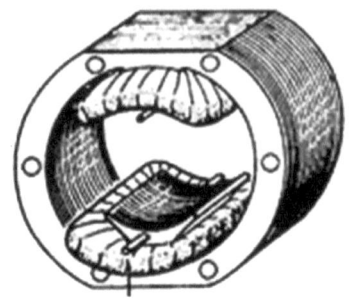

**Masas polares del campo en el estator de una maquina de DC.**

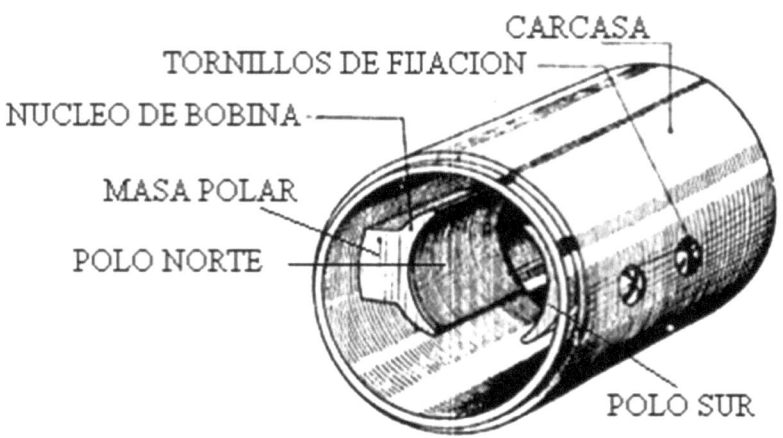

# Motores AC.

Bajo el título de motores de corriente alterna podemos reunir a los siguientes tipos de motor:

Motor Síncrono

Motor asíncrono o de inducción.

Los Motores de Corriente Alterna (C.A.). Son los tipos de motores más usados en la industria, ya que estos equipos se alimentan con los sistemas de distribución de energías "normales". De acuerdo a su alimentación se dividen en tres tipos:

• Monofásicos (1 fase)

• Bifásicos (2 fases)

• Trifásicos (3 fases)

Por el fácil manejo de transmisión, distribución y transformación de la C.A, la cual se ha constituido en la corriente con más uso en la sociedad moderna,

Los motores de C.A, son los más normales y con el desarrollo tecnológico se ha conseguido un rendimiento altísimo que hace que más del 90 % de los motores instalados sean de C.A.

Los motores de C.A, así mismo dividen por sus características en:

## Sincrónicos

- Trifásico con colector.

- Trifásico con anillos.

- Rotor bobinado

## Asincrónicos o de Inducción

- Trifásico Jaula de Ardilla.

- Monofásico: Condensador, Resistencia.

- Asincrónicos Sincronizados: Serie o Universal.

- Espira en corto circuito.

- Hiposincrónico.

- Repulsión

  Los motores de C.A, se dividen por sus características en:

Sincrónicos

- Trifásico con Colector.

- Trifásico con Anillos.

- Y Rotor Bobinado.

Asincrónicos o de Inducción

- Trifásico Jaula de Ardilla.

- Monofásico: Condensador, Resistencia.

- Asincrónicos Sincronizados: Serie o Universal.

- Espira en corto circuito.

- Hiposincrónico.

- Repulsión.

## MOTOR SINCRÓNICO

Está fundamentado en la reversibilidad de un alternador. El campo interior de una aguja se orienta de acuerdo a la polaridad que adopta en cada momento el campo giratorio en que se haya inmersa y siempre el polo S de la aguja se enfrenta al polo N cambiable de posición del campo giratorio, la aguja sigue cambiando con la misma velocidad con que lo hace el campo giratorio. Se produce un perfecto sincronismo entre la velocidad de giro del campo y la de la aguja.

Si tomamos un estator de doce ranuras y lo alimentamos con corriente trifásica, se creará un campo giratorio. Si al mismo tiempo a las bobinas del rotor le aplicamos una C.C, girará hasta llegar a sincronizarse con la velocidad del campo giratorio, de tal manera que se enfrentan simultáneamente polos de signos diferentes, este motor no puede girar a velocidades superiores a las de sincronismo, de tal forma que será un motor de velocidad constante. La velocidad del campo y la del rotor, dependerán del número de pares de polos magnéticos que tenga la corriente. Un motor de doce ranuras producirá un solo par de polos y a una frecuencia de 60 Hz, girará a 3600 R.P.M.

Como se verá el principal inconveniente que presenta los motores sincrónicos, es que necesitan una C.C. para la excitación de las bobinas del rotor, pero en grandes instalaciones (Siderúrgicas), el avance de corriente que produce el motor sincrónico compensa parcialmente el retraso que determinan los motores asincrónicos, mejorando con ello el factor de potencia general de la instalación, es decir, el motor produce sobre la red el mismo efecto que un banco de condensadores, el mismo aprovechamiento de esta propiedad, es la mayor ventaja del motor sincrónico.

## MOTORES ASINCRÓNICOS O DE INDUCCIÓN

Son los de mayor uso en la industria, por lo tanto son los que mayor análisis merecen.

Cuando aplicamos una corriente alterna a un estator, se produce un campo magnético giratorio, este campo de acuerdo a las leyes de inducción electromagnéticas, induce corriente en las bobinas del rotor y estas producen otro campo magnético opuesto según la ley de Lenz y que por lo mismo tiende a seguirlo en su rotación de tal forma que el rotor empieza a girar con tendencia a igualar la velocidad del campo magnético giratorio, sin que ello llegue a producirse. Si sucediera, dejaría de producirse la variación de flujo indispensable para la inducción de corriente en la bobina del inducido.

A medida que se vaya haciéndose mayor la diferencia entre la velocidad de giro del campo y la del rotor, las corrientes inducidas en él y por lo tanto su propio campo, irán en aumento gracias a la composición de ambos campos se consigue una velocidad estacionaria. En los motores asincrónicos nunca se alcanza la velocidad del sincronismo, los bobinados del rotor cortan siempre el flujo giratorio del campo inductor.

## 1.4.1-. MOTORES ASINCRÓNICOS, JAULA DE ARDILLA

Es sin duda el más común de todos los motores eléctricos, por su sencillez y forma constructiva. Elimina el devanado en el rotor o inducido. Las planchas magnéticas forman el núcleo del rotor, una vez ensambladas dejan unos espacios cilíndricos que sustituyen a las ranuras de los rotores bobinados, por estas ranuras pasan unas barras de cobre (o aluminio) que sobresalen ligeramente del núcleo, estas barras o conductores están unidos en ambos lados por unos anillos de cobre. Se denomina Jaula de Ardilla por la similitud que tiene con una jaula.

En los motores de jaula de pequeña potencia, las barras son reemplazadas por aluminio inyectado igual que los anillos de cierre, a los que se les agregan unas aletas que actúan a su vez en forma de ventilador.

Las ranuras o barras pueden tener diferentes formas y lo que se pretende con ello es mejorar el rendimiento del motor, especialmente reducir las corrientes elevadas que producen los motores de jaula en el momento de arranque.

Cuando el inducido está parado y conectamos el estator tienen la misma frecuencia que la que podemos medir en la línea, por lo tanto, la autoinducción en el rotor será muy elevada, lo que motiva una reactancia inductiva que es mayor donde mayor es el campo. De la manipulación de las ranuras y en consecuencia las barras dependerán que las corrientes sean más o menos elevadas, lo que en definitiva es el mayor problema de los motores de jaula.

Si analizamos el siguiente cuadro, se podría pensar en un motor que abarca las dos alternativas. Este motor existe, es el motor asincrónico sincronizado, su construcción es muy parecida a la del motor asincrónico con el rotor bobinado con anillos rozantes, con la diferencia de que una de la tres fase está dividida en dos partes conectadas en paralelo.

¿Cuál es el inconveniente que presenta este motor por lo que sólo es utilizado en grandes instalaciones?, Que para pasar de asíncrono a síncrono, necesita una serie de equipos tales como: Resistencia para el arranque como motor asíncrono, conmutador que desconecta esta resistencia y conecta la C.C. a los anillos rozantes cuando trabaja como síncrono.

# Despiece de un motor eléctrico.

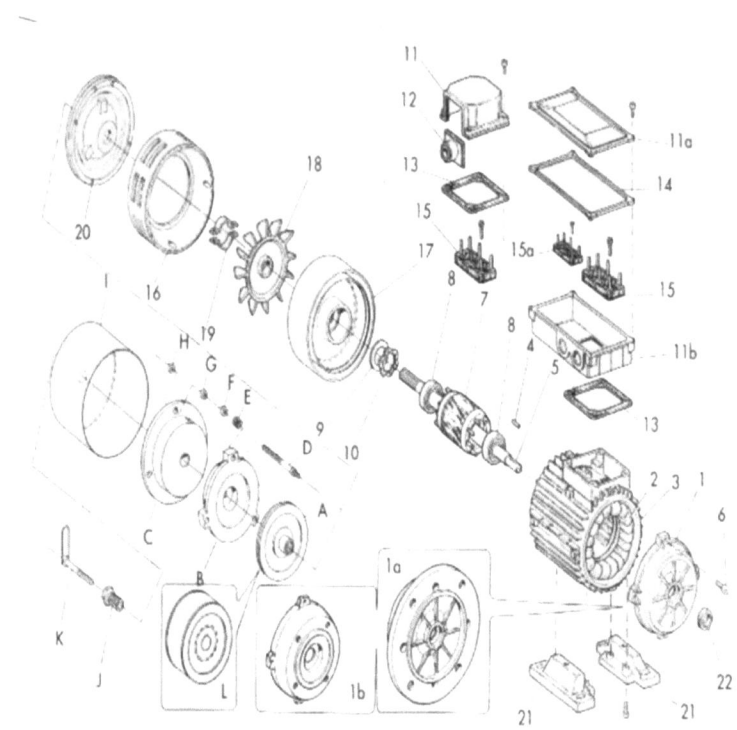

1. Escudo anterior
   1a. Brida B5
   1b. Brida B14
   2. Estator bobinado
   3. Carcasa motor
   4. Chaveta
   5. Eje del motor

6. Tornillos

7. Rotor

8. Rodamiento

9. Arandela espaciadora

10. Arandela ondulada de acero para compensación

11. Caja de bornes

11a. Tapa caja bornes de aluminio

11b. Base caja bornes de aluminio

12. Prensaestopas

13. Junta caja bornes

14. Junta tapa caja bornes

15. Placa de bornes

15a. Placa de bornes freno

16. Convector de aire

17. Escudo posterior

18. Ventilación de refrigeración

19. Abrazadera del ventilador

20. Disco de fundición

21. Patas motor B3

22. Retén de aceite

A. Disco de freno

B. Núcleo móvil

C. Electro magneto

D. Columna guía

E. Muelle del freno

F. Tuerca auto bloqueante de ajuste muelle

G. Tuerca interior bloqueo electro magneto

H. Tuerca exterior bloqueo electro magneto
I. Tapa del freno
J. Tornillo hueco
K. Tornillo de desbloqueo manual
L. Volante Disco freno .

## Conclusión.

Un motor eléctrico es esencialmente una máquina que convierte energía eléctrica en movimiento o trabajo mecánico, a través de medios electromagnéticos, que para funcionar se vale de las fuerzas de atracción y repulsión que existen entre los polos.

Existen básicamente tres tipos de motores eléctricos: motores de corriente directa [C.D.] o corriente continua [C.C.], motores de corriente alterna [C.A.] y universales.

Los Motores de Corriente Alterna [C.A.] son los tipos de motores más usados en la industria. De acuerdo a su alimentación se dividen en tres tipos:

Monofásicos, bifásicos y trifásicos.

La forma más sencilla y eficaz de evitar problemas de corrección de motores, es con su correcta selección e instalación, así mismo ayuda a lograr la

Máxima eficiencia del motor, y minimiza su deterioro, lo que tienden a garantizar que el equipo se encuentre en óptimas condiciones de operación.

Los motores eléctricos tienen una gran variedad de detalles constructivos, que varían según el fabricante. Deben considerarse siempre las instrucciones y recomendaciones de mantenimiento emitidas por el fabricante de cada motor,

Teniendo en cuenta las condiciones ambientales de la instalación y las peculiaridades del accionamiento.

El mantenimiento empieza en la selección del motor. Frecuentemente se hace la selección sin considerar las implicaciones en el servicio y mantenimiento del motor, de lo que resultan consecuencias económicas desfavorables.

El mantenimiento preventivo abarca todos los planes y acciones necesarias para determinar y corregir las condiciones de operación que puedan afectar a un sistema, maquinaria o equipo, antes de que lleguen al grado de mantenimiento correctivo, considerando la selección, la instalación y la misma operación.

Los motores eléctricos son de suma importancia en la actualidad, debido a las diferentes aplicaciones industriales a los que son sometidos, es por ellos, que se deben tomar en cuenta todas las fallas que se presentan para el correcto funcionamiento de los mismos.

Un motor cuando comienza a sobre trabajar, es decir, que trabaja por encima de sus valores nominales, va disminuyendo su periodo de vida; esto nos lleva a concluir que si no se realiza un buen plan de mantenimiento el motor no durará mucho. Un plan de mantenimiento debe realizarse tomando en cuentas las fallas que están ocurriendo en los motores.

El resultado de este informe es presentar las aplicaciones de los motores eléctricos y las fallas que en ellos existen, pero debemos tener en cuenta que son conceptos que están íntimamente relacionados; Si no se conocen las fallas que se presentan en los motores eléctricos no se puede aplicar ningún plan de mantenimiento, lo que implica el mal funcionamientos de los mismo y no tendrían ninguna aplicación útil.

**Recursos recomendados.**

Infoproducts STMEU. Blog de información técnica y tecnológica sobre equipos de generación eléctrica. http://tecniciantrainer.com/

Cursos y video cursos sobre tecnología electromecánica, motores eléctricos y generación eléctrica.
http://stmeu.com/VideoCurso/

www.ingramcontent.com/pod-product-compliance
Lightning Source LLC
Chambersburg PA
CBHW041206180526
45172CB00006B/1206